Robert Schich

Experimentieren mit Schülern - Thema Akustik

7 Experimente zum Thema Akustik

GRIN Verlag

Impressum:

Copyright © 2012 GRIN Verlag GmbH
Druck und Bindung: Books on Demand GmbH, Norderstedt Germany
ISBN: 978-3-656-41188-8

Fakultät für Mathematik und Naturwissenschaften

Institut für Physik

Professur für Didaktik der Physik

Wintersemester 2011/2012

Beleg/Reflexion zur **Schülerexperimentierwoche**:

Gruppe:

Akustik – Hinkommen. Hinhören. Held sein.

Helft Holger Hörlos!

Vorgelegt von: **Robert Schich**

Studiengang: Lehramtsbezogener Bachelor allgemeinbildende Schulen

Fächer: Geschichte - Physik

5. Fachsemester

Datum: 31.08.2011

<u>**Inhaltsverzeichnis:**</u>

I.   Vorwort – Warum Akustik? Begründung, generelle Konzeption und Zielstellung der Station Akustik.

Es ist kein Zufall, dass die Akustik, welche man als Teilgebiet der Physik sehen kann und sollte, keinen eigenen Abschnitt im fast 1500 Seiten umfassenden Werk der Physiker David Halliday, Robert Resnick und Jearl Walker (→ Halliday: Physik) einnimmt.[1] Auch im Lehrplan Physik taucht das Wort Akustik direkt nur an zwei Stellen auf, nämlich in der zehnten Klasse („Lernbereich 1: Mechanische Schwingungen und Wellen. Einblick gewinnen in die Akustik"[2]) und im Grundkurs der zwölften Klasse im „Wahlpflichtbereich 3: Akustik"[3]. Die Akustik selbst ist also keine feste Größe im Lehrplan wie zum Beispiel die Mechanik (, wenn man davon absieht, dass man die Akustik als Teilgebiet der Mechanik einstufen kann). Das mag zum Teil daran liegen, dass ihre Existenz auf Schwingungen und Wellen beruht und diese teilweise in anderem Kontext gelehrt werden, allerdings auch aufgrund der Tatsache, dass die Akustik selbst ein verhältnismäßig schwammiges und wenig transparentes Teilgebiet darstellt. (Dies belegt auch die Tatsache, dass einer der Schüler[4] in der SEW[5] während der einführende Worte die Frage stellte: „Was ist eigentlich Akustik?"). Es ist nicht auf den ersten Blick ein roter Faden für Lehrer erkennbar und wenn doch, dann nur in relativ geringem Umfang (siehe: Wahlpflichtbereich mit nur vier Unterrichtsstunden). Allerdings sind die Schüler, Lehrer und alle anderen Menschen täglich mit den Phänomenen der Akustik und deren Wirkungsprinzip konfrontiert, ohne dass sich die meisten darüber Gedanken machen, wie eigentlich der Klang der Musikinstrumente zu Stande kommt oder warum man sich überhaupt miteinander unterhalten kann. Aufgrund dieser Gedanken legitimiert sich die Wahl des Themengebietes dieser Gruppe. Die Akustik spielt eine tragende Rolle in zahlreichen Alltagssituationen und -phänomenen, wird jedoch nicht sehr ausgiebig in der Schule thematisiert.

Die Station „Akustik – Hinkommen. Hinhören. Held sein. Helft Holger Hörlos" setzte an diesem Punkt an und sah das Ziel, eine 90 minütige, erlebnisorientierte Lernumgebung für die Schüler zu schaffen, welche sich von der Schule und deren inhaltlicher Konzeption abhebt.

---

[1] Vgl. Halliday, D./Resnick, R./Walker, J.: Halliday Physik. 2., überarbeitete und ergänzte Auflage. Weinheim 2009.

[2] Sächsisches Ministerium für Kultus [Hrsg.]: Lehrplan Gymnasium – Physik. Dresden 2007, S. 28.

[3] Ebd., S. 41.

[4] Im Folgenden wird ausschließlich das Maskulinum verwendet. Dies soll dem flüssigeren Lesen dienen und stellt keineswegs eine Diskreditierung oder Diskriminierung des weiblichen Geschlechts dar.

[5] Im Folgenden wird „Schülerexperimentierwoche" mit der Abkürzung SEW geführt.

Ziel sollte es sein, die Schüler aus ihrem Schulalltag herauszureißen, sie vor Probleme zu stellen, ihre Eigeninitiative zu provozieren und die Schüleraktivität immens zu fördern. Somit sollte ein erlebnisorientiertes Lernumfeld geschaffen werden, in dem die Studenten nicht die Rolle der Lehrer analog zur Schule für 90 Minuten übernehmen, sondern als Lernbegleiter fungieren. Aus diesem Grund war auch kein Frontalunterricht vorgesehen und dieser wurde auch nicht durchgeführt, wie abschnittsweise in anderen Gruppen. Dieser reformpädagogische Ansatz legitimierte sich aufgrund der Tatsache, dass die Schüler aus konventionellen Gymnasien kamen und somit eine klare Differenzierung zur Schule erleben konnten und eine individuelle Förderung erfahren sollten. Das Konzept für diese Vorgehensweise war stark angelehnt an die Konzeptionierung des „Phaeno"[6] in Wolfsburg, welches vor allem auf das Erfahren und nicht das reine Lernen setzt. Aus diesem Grund sollte auch kein Arbeitsblatt geschaffen werden. Den Schülern sollten die gezeigten Phänomene und deren Erklärungen eindrücklich im Sinn bleiben und nicht in den Unterlagen (verschwinden). Allerdings mussten die Schüler auch in die jeweiligen Experimente (zumindest ansatzweise) eingewiesen werden. Aus diesem Grund, außerdem zur Motivationsförderung und damit die Schüler „nicht nur spielen", wurden kurze, altersgerechte Geschichten konzipiert, welche in die Thematik des jeweiligen Experiments einführen sollten und den Sinn hatten, dass die Schüler über eine Erklärung nachdenken und diese auch herausfinden. Jede der Erklärungen war mit einem Buchstaben versehen, sodass die Schüler den Anreiz sahen, das Lösungswort und somit alle korrekten Erklärungen der gezeigten und vor allem *selbstständig durchgeführten* Experimente, in Erfahrung zu bringen.

Auf den Punkt gebracht kann man sagen: Ziel war es, den Schülern auf eine unkonventionelle, erlebnisorientierte, pragmatische und eindrucksvolle Art solches Wissen zu vermitteln, dass sie, wenn die Themen später (auch Jahre später!) in der Schule besprochen werden, sich daran erinnern sollen, dass sie selbst (und nicht der Lehrer oder irgendjemand anderes! Der Schüler steht im Mittelpunkt!) bereits über Grundlagenwissen verfügen, aber nicht, dass sie in ihren Aufzeichnungen suchen müssen und gegebenenfalls sogar gar nichts mehr von dem verstehen, was sie dann vor sich finden/sehen. Außerdem sollte so die Begeisterung für die Naturwissenschaft, und im speziellen die Physik, angeregt, hervorgebracht und weiter gefördert werden.

---

[6] Verweis auf: http://www.phaeno.de/

II.   Stationen

Im Folgenden sollen die sieben Stationen der Gruppe vorgestellt werden. Hierbei sollen sowohl die Idee und Begründung der Auswahl einer jeden Station, als auch dessen Beschreibung dargestellt werden. Eine kurze Reflexion zur Station selbst soll ebenfalls stattfinden, um etwaige und spezifische Eigenheiten (Vor- und Nachteile, Schwierigkeiten et cetera) darzustellen, welche jedoch gesondert zur Gesamtreflexion in Punkt III. zu sehen ist.

II.I   Station 1: Magie im Wasserglas

Bei dieser Station sollte den Schülern veranschaulicht werden, dass es sich bei Tönen und allem was hörbar ist, um Wellen (Schwingungen) handelt. Die Schüler lasen die Geschichte (siehe Anhang) und sollten mit den ihnen gegebenen Mitteln (siehe Abbildung 1) versuchen, den Zaubertrick zu imitieren. Sie schlugen die Stimmgabel an und tauchten sie mit den Zinken in das Wasser. Es sind Wasserwellen zu erkennen. Nun war es ihre Aufgabe, die physikalisch korrekte Erklärung zu erschließen. Hierbei kann es sich ausschließlich um die zweite Antwort handeln. Die Schüler verstehen durch das Experiment, dass das Anschlagen der Stimmgabel deren Zinken in Bewegung (Schwingung) versetzt. Diese ist mit dem bloßen Auge kaum erkennbar, da die Frequenz der Schwingung sehr hoch (zumindest in Bezug auf die Wahrnehmung des menschlichen Auges) ist. (Es wurde eine Stimmgabel mit 440 Hz verwendet, was einer Anzahl von 440 Schwingungen pro Sekunde und dem Kammerton a entspricht). Wird die Stimmgabel allerdings in das Wasser gehalten, ist zu erkennen, dass sich die Schwingung der Zinken auf das sie umgebene Medium ausbreitet. Im Wasser sind Wellen erkennbar. Demzufolge ist zu erschließen, dass es sich bei dem Ton, den die Stimmgabel an der Luft hervorruft, ebenfalls um Schwingungen/Wellen handelt. Die Zinken der Stimmgabel übertragen ihre (gedämpfte) Schwingung auf das sie umgebene Medium. Im Wasser sind Wellen zu beobachten, in der Luft ist ein Ton zu hören. Aufgrund der Tatsache, dass Schüler zwischen Klasse sieben bis zehn den Versuch durchführten und das Thema mechanischer

Schwingungen und Wellen erstmals in Klasse 10 im Lehrplan auftaucht[7], wurde in der Erklärung des Phänomens darauf verzichtet, von der Frequenz oder anderen Fachwörtern zu sprechen, sondern es wurde das Wort „vibriert" genutzt.

Die Schüler konnten also ausprobieren und feststellen, dass dies tatsächlich der Fall ist. In einzelnen Gesprächen der betreuenden Studenten wurde bei einigen leistungsstarken Schülern auch die Erklärung mittels der Frequenz der Stimmgabeln, der Schwingungsdauer und der Einheit Hertz eingeführt, was sich jedoch als problematisch, bei den „normalen Schülern", heraus stellte, weil die Schüler zwar das Wort Frequenz bereits kannten, jedoch die Einführung einer ihnen unbekannten Größe innerhalb von einigen wenigen Minuten und ohne Tafel oder ähnlichem nur zum Teil nachvollziehen konnten, sodass sich herausstellte, dass die Formulierung treffend gewählt wurde und es sich als positiv erwies, nicht über die Fachsprache zu vermitteln, da dies später in der Schule geschehen kann.

Allgemein wurde der Versuch nahezu von allen Schülern angenommen und auch die physikalisch korrekte Erklärung erschlossen. Die Schüler verstanden, dass es die Schwingung der Zinken ist, welche den Ton erzeugt und dass die Luft diese Schwingung in Form von Wellen als Ton überträgt und hörbar macht. An dieser Station gab es keinerlei Probleme, außer eventuell einiger Jungen aus den niedrigeren Klassenstufen, die es zumeist kaum abwarten konnten mit dem Wasser herum zu spritzen und der Stimmgabel zu spielen. Allerdings konnte mit wenigen ruhigen Worten auch bei diesen Schülern erreicht werden, dass diese den Versuch ernsthaft durchführten und die korrekte Erklärung erschlossen. Dieses Experiment war ein voller Erfolg, vor allem aufgrund seiner Anschaulichkeit.

II.II Station 2: Die magische Saite

In dieser Station sollte nochmals auf die Tatsache, dass jeder hörbare Ton eine Schwingung/Welle ist und die vorsichtige Einführung und Bedeutung der Frequenz eingegangen werden. Die Schüler sollten die Geschichte mit Holger lesen (siehe Anhang) und sich dann an der Übertragung von Tönen ausprobieren. Hierbei spielt vor allem das Phänomen der Resonanz eine wichtige Rolle. Die Schüler sollten eine Stimmgabel anschlagen (wie in Abbildung 2 (a) zu sehen ist), diese kurz schwingen lassen, dann die angeschlagene

---

[7] Sächsisches Ministerium für Kultus [Hrsg.]: Lehrplan Gymnasium – Physik. Dresden 2007, S. 28.

Stimmgabel festhalten (die Schwingung abdämpfen, sodass keine Schwingung mehr vorhanden ist) und lauschen, ob sich die Schwingung auf die andere Stimmgabel übertragen hat (Abbildung 2 (b)). Anschließend ging es darum, die richtige Erklärung zu erschließen.

Die physikalische Erklärung für dieses Phänomen ist die Tatsache, dass die Schwingung der angeschlagenen Stimmgabel sich auf die Luft in ihrer Umgebung überträgt und es somit zu Druckschwankungen (Schall) in der Luft kommt. Wenn die Frequenzen der beiden Stimmgabeln die gleiche Hertzzahl besitzt (also die Frequenz die gleiche ist), regt die angeschlagene Stimmgabel nicht nur das menschliche Trommelfell zum Schwingen an (was als Ton hörbar ist), sondern es kommt zur Resonanz bei der zweiten Stimmgabel. Diese wird nun ebenfalls zum Schwingen angeregt und es ist ein Ton hörbar.

Zu dieser Station ist zu sagen, dass sie sich einige Kritiken gefallen lassen musste. Zuerst einmal war es bei einigen Schülern so, dass die Geschichte selbst verhältnismäßig zu lang war. Das bedeutete nicht nur, dass die Lust zu lesen im Gegensatz dazu, einfach die Stimmgabeln zu nehmen und mit diesen zu spielen, relativ gering war, sondern auch, dass manche Schüler, wenn sie die Geschichte beendet hatten, gar nicht mehr genau wussten, welche Ausgangssituation gegeben war oder was denn nun die konkrete Fragestellung war. Dazu trug außerdem bei, dass den Schülern die Abstraktion extrem schwer fiel. Häufig wurde festgestellt, dass die Analogie, dass die Stimmgabeln die unterschiedlichen Instrumente darstellen sollen, nicht eigenständig erschlossen werden konnte. Darauf basierend entstand der nächste Kritikpunkt: Es stellte sich heraus, dass die Station einer Betreuung benötigte (dies ist insofern kritikfähig, weil die Gesamtkonzeption vor sah, dass die Stationen so gestaltet sein sollten, dass die Schüler in Eigenständigkeit fähig sind sie zu durchlaufen und zu lösen), weil die Schüler den Begriff der Frequenz überwiegend nicht kannten. Die Mehrzahl hatte zwar schon etwas davon gehört, konnte jedoch auf Nachfrage keine Beschreibung abgeben. Das bedeutete, dass eine Betreuung nach der eigenständigen Phase der Schüler von Nöten war, um eben dieses Fachwissen zu vermitteln. Häufig wurde, weil die Erklärung der Frequenz nicht auf Anhieb verstanden wurde, eine dritte Stimmgabel mit anderer Frequenz hinzu genommen, um zu verdeutlichen, dass die Resonanz lediglich bei Stimmgabeln gleicher Frequenz stattfindet. Diese „intensive" Betreuung führte dann dazu, dass die Schüler (geleitet) auf die physikalisch korrekte Erklärung kamen. Es ist jedoch zu bezweifeln, dass 100% der Schüler wirklich verstanden haben, was denn nun die Frequenz und die Resonanz darstellen. Ein weiteres Problem, beruhend auf der Tatsache, *dass* die Schüler die Frequenz nicht kannten, waren die Erklärungen/Antwortmöglichkeiten. Die baugleiche Form der beiden Stimmmgabeln trug noch dazu bei, denn bis auf einige leistungsstarke Schüler, welche erkannten, dass zum Beispiel die Farbe der Stimmgabeln bei diesem Versuch keine Rolle spielen würde, war es den Schülern nicht möglich, zu entscheiden, ob die erste oder zweite Erklärung die Richtige sei. Dies konnte letztlich nur durch die gesteigerte Betreuung der Station ausgeglichen werden.

Die Station war, zusammenfassend, kein absoluter Fehlgriff, jedoch ist zu vermuten, dass eben diese den Schülern am geringsten in Erinnerung bleiben wird, weil nicht nur die Geschichte zu lang, die Erklärung zu schwammig, kompliziert und abstrakt, sondern auch die Analogie zu anspruchsvoll zu erschließen war. Zwar zeigten einige der Schüler aus der zehnten Klasse Verständnis, doch bei der Mehrzahl der Schüler aus der siebten Klasse (zum Beispiel) war kein großer Lernerfolg zu beobachten, stattdessen zogen diese es vor, schnell zu nächsten Station weiter zu ziehen, um diese auszuprobieren.

II.III Station 3: Die Wette

In dieser Station ging es für die Schüler darum, den Zusammenhang zwischen Schwingungen, deren Übertragung und dem Schalldruck zu verstehen. Auch hier sollten die Schüler wieder erst einmal die Geschichte um Holger lesen (siehe Anhang) und konnten sich danach ausprobieren. Im Gegensatz zur Abbildung 3 waren in dieser Station zwei verschiedene Aufbauten und Versuchsdurchführungen möglich, die sich in besagter Abbildung vereinen. Den Schülern standen ein Trichter, mit Membran auf der Seite der größeren Öffnung (Luftballonüberzug), mehrere Teelichter, aber auch ein Lautsprecher und ein Subwoofer zur Verfügung. Die Schüler sollten die Analogie zu der Geschichte beziehungsweise der Base-Drum in der Geschichte und dem Prinzip der Druckänderung des Schalls in der Luft und dessen Übertragung erschließen und verstehen. Dazu sollten sie einerseits ausprobieren, welche Methodik am „effektivsten" ist, um so viele Teelichter wie möglich mit dem Trichter „auszupusten" und andererseits verstehen, wie die Ausbreitung des Schalls von statten geht.

Der fachliche Hintergrund ist derjenige, dass der Schall sich durch Druckänderungen in der Luft ausbreitet. Schlägt man nun gegen die Membran am Trichter, so entsteht im Trichter ein Überdruck, ein Teil der Luft, welche sich im Trichter befindet, tritt am Ende des Trichters aus und die Teelichter erlöschen. Diese selbstgebaute Anwendung verdeutlicht weiterhin die

Funktionsweise eines Lautsprechers. Um nicht nur eine Analogie, sondern auch die Anwendung in der Praxis zu zeigen, wurde dieser Versuch ebenfalls mit einem Lautsprecher und mit einem Subwoofer durchgeführt. Da die Stärke des Schalldrucks von der Lautstärke abhängig ist, konnten die Schüler sehen, dass ein intensiveres Aufschlagen, auf die Membran, einen stärkeren Überdruck erzeugt und eine höhere Anzahl von Teelichtern erlöscht. Analog dazu gilt die Tatsache, dass bei dem Lautsprecher bei höheren Lautstärken sehr viel mehr Teelichter erlöschen, als bei vergleichsweise niedrigen.

Diese Station hat die Schüler überwiegend begeistert. Allein die Tatsache mit dem Feuer zu spielen und sich auszuprobieren hat dazu geführt, dass teilweise richtige Wettbewerbe ausgetragen wurden, wer denn die meisten Teelichter auf möglichst geniale Art und Weise mit den gegebenen Mitteln erlöschen könne. Allerdings trug diese Station nicht nur zur Belustigung bei, sondern die Schüler suchten (auch im Gespräch mit den Betreuern) nach einer plausiblen Erklärung für die Wirkungsweise. Als problematisch stellte sich heraus, dass die Schüler die Wirkungsweise eines Lautsprechers noch nicht kannten und diese nicht innerhalb von ein paar Minuten erklärt werden kann, sondern sorgfältig erklärt und eingeführt werden muss. Weiterhin negativ aufgefallen ist, dass die Schüler zum Teil die Geschichte, welche von einigen auch als zu lang empfunden wurde, nicht lesen wollten, da sie die Durchführung des Versuchs kaum abwarten konnten und zumindest *dachten* sie hätten das Experiment aufgrund der Tatsache verstanden, weil sie wüssten, wie es durchzuführen sei, sodass der physikalischen Erklärung immer noch vom Betreuer Beachtung geschenkt werden musste, damit sich die Schüler (vor allem der niedrigeren Klassenstufen) auch auf das Fachliche konzentrieren. Zwei weitere negative Aspekte sind noch zu erwähnen: Bei den jüngeren Schülern (und vor allem denen, die mit Musikinstrumenten, besonders dem Schlagzeug und dessen Bezeichnungen, nicht besonders bewandert waren), war die Analogie zwischen der Geschichte, der Durchführung des Versuchs und der physikalischen Erklärung nicht dicht/nah genug. Sie hatten Schwierigkeiten, die Erklärungen der Betreuer und das Erschlossene auf die Geschichte zu beziehen und so eine Lösung/Erklärung zu finden/auszuwählen. Diese stellt den zweiten Aspekt dar: Für die Schüler war die Erklärung mit den Luftmolekülen et cetera zu kompliziert. Hin und wieder war zu beobachten, dass die Schüler dazu neigten, sich für die erste Erklärung zu entscheiden, weil diese „so kompliziert klingt und so wissenschaftlich", unabhängig davon, ob diese verstanden wurde oder werden konnte. Außerdem ist die Tatsache, dass die Luft am dünnen Ende „schnell heraus fliegt" naheliegend, da dies ja auch zu beobachten war. Hier hätte eine eindeutigere Differenzierung stattfinden müssen.

Zusammenfassend ist zu sagen, dass die Station mit großem Eifer seitens der Schüler durchgeführt wurde. Der Versuch, einzuschätzen, wie viele der Schüler letztlich die genauen Vorgänge und Erklärungen wirklich durchdrungen haben, bleibt dabei sehr anspruchsvoll. Jedoch konnten die Schüler Erfahrungen und Erkenntnisse aneignen, aufgrund derer zum Beispiel die Funktionsweise eines Lautsprechers, eventuell zu einem späteren Zeitpunkt ihrer Schullaufbahn, leichter verständlich und nachvollziehbar werden wird.

II.IV Die Männer von der Sicherheitsfirma

In dieser Station wurde erneut die Übertragung von Schwingungen thematisiert. Besonders hervorgehoben wurde hierbei die Übertragung von Schallwellen. Die Schüler sollten wieder einmal die Geschichte (siehe Anhang) lesen und die physikalisch korrekte Erklärung herausfinden, indem sie mit einem von der Gruppe gebastelten Bechertelefon (siehe Abbildung 4) miteinander sprechen konnten. Um dies auszuprobieren, ging jeweils ein Betreuer mit einem oder mehreren Schülern aus dem Gebäude und die Schüler probierten das Bechertelefon und die Kommunikation mit selbigem aus.

Die Funktionsweise erklärt sich so, dass die Luft in den Plastikbechern beim Sprechen in Schwingung versetzt wird und diese auf den Boden des Bechers auftreffen. Dort werden sie nun auf die Schnur übertragen, bis sie zum anderen Becher gelangen. Dieser wirkt als Resonator, sodass das Gesprochene überwiegend verständlich wird. Das Experiment zeigt wieder einmal, dass Töne oder Hörbares, Schwingungen sind, die durch ein Medium transportiert werden. In den anderen Versuchen war das umgebene Medium Luft oder Wasser, hier wird eine Schnur verwendet. Dies zeigt die Vielseitigkeit der Erklärungsmöglichkeiten und erleichtert den Schülern das Verständnis für das nun oft beobachtete Phänomen.

In Bezug auf diese Station selbstkritisch reflektierend ist hier zu sagen, dass die Schüler häufig, wenn sie die Becher und die Schnur sahen, dazu neigten, sich die Geschichte nicht durchzulesen, weil sie nicht nur in den vorhergegangenen Experimenten ähnliche Phänomene erlebten, sondern auch aufgrund der Tatsache, dass ihnen ein Bechertelefon und dessen Anwendung bekannt war. Die Schüler vermittelten den Eindruck, durch das Wissen, wie dieser Versuch durchzuführen ist, bräuchten sie die Erklärung für das Durchgeführte nicht zu erlangen, weil sie es schon besaßen, was jedoch trügerisch ist.

Was an dieser Stelle positiv anzumerken ist, ist der Sachverhalt, dass die Schüler häufig von selbst erkannten, dass der Strick zwischen den Bechern gespannt sein muss, damit die Übertragung besser funktioniert und die Stimme des Partners deutlicher zu hören ist, weil die Dämpfung der Schwingung sonst zu groß ist.

Zusammenfassend ist zu sagen, dass es bei dieser Station keine Probleme gab. Die Vielzahl der Schüler erkannte, was zu tun ist und gab mit Äußerungen wie „Na ist doch logisch, die erste Antwort!" zu verstehen, dass die Hintergründe und Erklärung verstanden und physikalisch korrekt nachvollzogen wurde.

II.V Station 5: Im Rausch der Geschwindigkeit

In dieser Station sollen die Schüler über den Tellerrand hinaus schauen und dennoch den Bezug zum Alltag und das Verständnis für ein physikalisches Phänomen beibehalten. Hier geht es, anders als in den bisher erklärten Stationen, nicht zwingend um die Eigeninitiative der Schüler, denn in dieser Station soll der Doppler-Effekt erklärt werden. Im Lehrplan ist der Doppler-Effekt erst für die Klassenstufe zwölf vorgesehen und wird erst (wenn überhaupt) im Wahlpflichtbereich gelehrt (Grundkurs „Wahlpflichtbereich 3: Akustik"[8] und im Leistungskurs „Wahlpflichtbereich 2: Anwendungen der Physik"[9]). Der Grund, dass der Doppler-Effekt an dieser Stelle auftaucht und eine ganze Station darstellt ist, dass die Schüler zum Einen die Erfahrungen aus dem Alltag bezüglich des Doppler-Effekts (Krankenwagen fährt vorbei) mit sich bringen und zum Anderen, dass sie sich zuvor ausgiebig mit den anderen Stationen befasst haben, sodass sie für diese Thematik sensibilisiert worden sind.

Die Schüler lasen wieder einmal die Geschichte (siehe Anhang), um in die Problematik einzudringen. Folglich wurde den Schülern mittels eines batteriebetriebenen Lautsprechers, welcher an einer Schnur über dem Kopf auf einer Kreisbahn möglichst gleichförmig gewirbelt wurde, während dieser einen konstanten Ton abgibt, das Phänomen dargestellt (siehe Abbildung 5). Nachdem alle Schüler, in Rücksprache mit dem Betreuer, die Problematik

---

[8] Ebd., S. 41.
[9] Ebd., S. 59.

erfasst und den Doppler-Effekt festgestellt haben, wurde vom Betreuer die physikalische Erklärung durchgeführt und mittels eines Java-Applets der Doppler-Effekt nochmals auf theoretischer Grundlage gezeigt und erklärt.[10] Nachdem der Betreuer, welchem bewusst war, dass diese Thematik erst für die zwölfte Klassenstufe vorgesehen ist, besonders aufgrund dieser Problematik sicher war, dass die Schüler das Gezeigte verstanden hatten, wurde beraten und die Schüler fanden in der zweiten Erklärung die physikalisch Korrekte.

Fachlicher Hintergrund ist die Tatsache, dass bei der Bewegung der tonaussendenden Quelle auf den Beobachter hinzu, die Schallwellen sehr viel dichter aufeinander folgen, somit die Frequenz höher ist und der wahrgenommene Ton höher ist. Bewegt sich die tonaussendende Quelle vom Beobachter weg, also entgegensetzt zu der Richtung, in welche sich die Schallwellen bewegen, welche zum Beobachter gelangen, so ist die Frequenz geringer und der Ton wird tiefer wahrgenommen. Durch die gleichförmige Kreisbewegung hört der Beobachter also eine ständige Tonschwankung von tief zu hoch und umgekehrt.

Kritikfähig ist bei dieser Station natürlich der Sachverhalt, dass bezüglich des Lehrplans „um Jahre vorweg gegriffen wird". Es ist natürlich fraglich, ob es angebracht ist, einem Siebtklässler ein Phänomen zu zeigen/erklären, welches ihm erst fünf Jahre später wieder in der Schule begegnet. Andererseits ist das Feedback der Schüler überwiegend positiv ausgefallen. Durch das Vorführen, die Erklärungen und letztlich das Java-Applet, gab es keinen Schüler, der nicht die physikalisch korrekte Begründung an dieser Station gefunden hat. Sicherlich haben neben der Veranschaulichung in Praxis und Theorie zwei Dinge dazu beigetragen: Erstens die Tatsache, dass die Schüler diesen Effekt aus dem Alltag bereits kennen und dieser somit nicht vollkommen unbekannt ist, wenn auch die Entstehung noch nicht physikalisch verstanden war und zweitens der Sachverhalt, dass die Schüler zuvor circa 45 Minuten mit der Wellenausbreitung und Schallwellen et cetera sensibilisiert wurden. Ein letzter Kritikpunkt ist bei der Erklärung anzusetzen. Ein paar der Schüler hatte die Wortwahl wie zum Beispiel „Relativbewegung" irritiert. Hier hätte man durchaus noch weiter „didaktische Reduktion"[11] betreiben können, zumal die Schüler den Sachverhalt verstanden hatten und sie durch diese, für sie unbekannten Worte, nur irritiert wurden.

---

[10] Beispiel: Fendt, W.: Ein Beispiel zum Doppler-Effekt. Letzte Aktualisierung: 22.03.2007. URL: http://www.walter-fendt.de/ph14d/doppler.htm Zugriff: 14.11.2011
[11] Jank, W./Meyer, H.: Didaktische Modelle. 9. Auflage, Berlin 2009, S. 32.

II.VI Station 6: Lärmende Stille

In dieser Station soll den Schülern verdeutlicht werden, welchen Lautstärken das menschliche Ohr täglich ausgesetzt ist. Sie sollen einschätzen lernen, welche Belastungen für das Gehör täglich entstehen und wie diese einzuschätzen sind. Zuerst einmal sollten die Schüler die Geschichte und Aufgabenstellung lesen (siehe Anhang). Daraufhin sollten die gegebenen Geräuschquellen nach ihrer Einschätzung der Lautstärke nach geordnet werden (Tabelle siehe Anhang). Dazu gehörte eine kurze Einführung des Schalldruckpegels und der Einheit Dezibel (dB). Fortan wurde von den Schülern eine Tabelle angefertigt. Nun folgte die aktive Phase der Schüler: Sie sollten in möglichst absoluter Stille, mit einem Schallpegelmesser und einem Computer, den Schallpegel der Geräusche messen und in die Tabelle eintragen. Anschließend wurden die Ergebnisse der Lautstärke nach geordnet und reflektiert, ob die Einschätzung, welche die Ausgangssituation darstellte, korrekt war und an welchen Stellen grobe Abweichungen von den Schülervorstellungen auftraten. Um auf die Buchstaben für das geforderte Lösungswort zu kommen, galt es, das Geräusch mit dem zweit höchstem und das Geräusch mit dem niedrigsten Schalldruckpegel zu bestimmen (in der Tabelle fett markiert: die Kirchenglocken und das elektrische Schweißen).

Anfangs waren die Schüler überwiegend schüchtern, als es darum ging, ihre Einschätzung zu treffen. Allerdings entfaltete diese Station im Laufe der Zeit (sie nahm in etwa 25 bis 30 Minuten in Anspruch um alle Messungen erfolgreich durchzuführen) ihr Potenzial, die Schüler zu interessieren. Als die Schüler bemerkten, dass die Eigentätigkeit doch relativ hoch ist und sowohl die Messung durchzuführen, die Messwerte zu bestimmen, die Tabelle zu verwalten und letztlich auch eine physikalisch korrekte Ordnung herzustellen, vertieften sie sich in ihre Aufgabe. Es war zu beobachten, dass bei dieser Station manche Messungen mehrfach durchgeführt wurden, weil zum Beispiel jemand gehustet hat oder Außengeräusche die Messung verfälschten. Dies zeigt, dass die Schüler den Ehrgeiz entwickelten, die Korrektheit zu überprüfen und eine exakte Versuchsdurchführung anstrebten. Die Station zeigte den Schülern, dass ihre Einschätzung überwiegend zu traf, jedoch der Pegel für das Auto, die Einkaufsgalerie und die Küste häufig zu niedrig eingeschätzt wurden. Eine Sensibilisierung für das Einschätzen und Überdenken von hohen Lautstärken und dessen Auswirkungen auf das menschliche Gehör wurde somit erreicht. Kritisch ist anzumerken, dass die Beschreibung der Aufgabenstellung und der Situation häufig nicht ausreichend transparent waren, sodass die Vorgehensweise vom Betreuer erklärt und geschildert werden musste, was denn nun exakt zu tun sei. Allerdings relativiert sich diese Kritik zum Teil dadurch, dass zum Einen versucht wurde, diese Station in einen (reizvollen) Kontext einzubetten (die Geschichte um Holger) und andererseits eine sehr viel ausführlichere Beschreibung/Darstellung, wie bei einigen obig genannten Kritiken, vermutlich dazu geführt hätte, dass die Schüler den Text für zu lang gehalten oder in noch geringerem Ausmaße gewusst hätten, was zu tun sei.

Zusammenfassend lässt sich sagen, dass der Ablauf und die Durchführung dieser Station geglückt sind. Die Schüler haben überwiegend ohne Komplikationen gearbeitet und kamen auch auf die korrekten Ergebnisse. Nachdem vom Betreuer nochmals sicher gestellt wurde, dass das Procedere verstanden war und die Schüler wussten, was ihre Aufgaben waren, kann diese Station reflektierend als erfolgreich abgeschlossen und positiv bewertet werden. Außerdem ist der Lernzuwachs als erreicht einzuschätzen. Hier ging es weniger um das Aneignen von Fachwissen, denn um die Sensibilisierung für das Gespür von Schallpegeln (und Lautstärken) und dies kann den Schülern in Bezug auf den Alltag von Nützen sein und wurde, subjektiver Einschätzung nach, erreicht.

II.VI Station 7: Singende Gläser und Flaschen

In dieser Station ging es für die Schüler nochmals um die Tonerzeugung mittels handelsüblicher Gegenstände. Die Schüler sollten zuerst die Geschichte (siehe Anhang) lesen und sich mit den Gläsern auseinander setzen, anschließend die physikalisch korrekte Erklärung finden und sich daraufhin die letzte Geschichte (siehe Anhang) ansehen und mit den gestellten (Bier)Flaschen ebenfalls versuchen, Töne zu erzeugen und zuletzt, um das Lösungswort zu vervollständigen, die letzte physikalisch korrekte Erklärung erschließen.

Besonders thematisiert wurde in dieser Station die Erzeugung von Schallwellen. Fachlicher Hintergrund für die „singenden Gläser" ist der Sachverhalt, dass die Gläser mittels Reibung zum Schwingen gebracht werden können. Nachdem die Schüler den Finger angefeuchtet haben und mit diesem und leichtem Druck auf den Glasrand (siehe Abbildung 6) gleiten ließen, war ein gleichmäßiger Ton zu hören, welcher unabhängig von der Geschwindigkeit der Kreisbewegung des Fingers auf dem Glasrand ist. Zu Stande kommt der Ton dadurch, dass der Finger, wenn er auf den Glasrand gedrückt wird, eine Kraftrichtung in zwei senkrecht zueinander stehende Richtungen (nämlich in Richtung der Normalen und in

Richtung der Tangentialen) erzeugt. Nun ist es so, dass die Haftreibung den Finger am Glas hält. Wird jetzt der Finger in tangentiale Richtung bewegt, beziehungsweise diese Kraft erhöht, so verformt sich die Fingerkuppe und bleibt an der Stelle haften. Überwindet die Kraft in tangentiale Richtung die Haftreibungskraft, „schnellt" der Finger hervor und es kommt zur Gleitreibung. Anschließend befindet sich der Finger wieder in „Normalform" und die Haftreibungskraft hält den Finger wieder am Glas. In der makroskopischen Ebene sieht es aus, als würde der Finger gleichförmig über den Glasrand gleiten, jedoch stellt sich in näherer Betrachtung heraus, dass der Finger, durch den ständigen (mit hoher Frequenz versehenen) Wechsel von Haft- und Gleitreibungskraft eine Schwingung auf das Glas ausübt. Trifft diese die Eigenfrequenz des Glases, so kommt es zur Resonanz und das Glas beginnt zu schwingen und überträgt diese Schwingungen von der Glaswand auf die Luft innerhalb des Glases. Diese wiederrum ist als Ton warhnehmbar. Durch unterschiedliche Füllhöhen der Wasserstände im Glas, kann die Eigenfrequenz erhöht oder gesenkt werden und dadurch auch die Tonhöhe variiert werden, weil die Wassersäule im Glas aufgrund ihrer Trägheit die Schwingung in der Art beeinflusst, dass sie die Frequenz erhöht (bei niedrigem/geringem Wasservolumen) oder senkt (bei hohem Wasservolumen).[12]

Den Schülern hat diese Station ebenfalls besonders gut gefallen. Die Mehrzahl kannte den „Trick" bereits, diesen jedoch wirklich angewendet hatten nur einige wenige selbst. Hier konnten sie unter Anleitung und Erklärung der Betreuer ausprobieren und dies führte auch immer zum Erfolg. Es gelang sogar, wenn die Zeit es zu ließ, mit den Schülern, die Gläser zu „stimmen" und „Hänschen Klein" oder „Freude schöner Götterfunken" zu spielen. Dies war insofern genial, da man an dieser Station (als letzte Station) den Spielraum hatte, dass, falls noch zu viele der 90 Minuten übrig waren, die Zeit noch sinnvoll überbrückt werden konnte. Auch die Geschichte und die Erklärungen hinter dem Phänomen wurden von den Schülern überwiegend selbstständig erschlossen. Schätzungsweise lediglich ein bis zwei Schüler auf zwei Gruppen kommend (also circa 10-15%) waren sich nicht sicher, ob nicht doch das Schwingen des Wassers für den zu hörenden Ton verantwortlich sei. Dies konnte dann aber in der Diskussion mit den Mitschülern insofern aufgeklärt werden, da auch bei einem leeren Glas ein Ton hörbar war. Die Variation daraus, mit „Wasser zu spielen", etwas Sichtbares zu

---

[12] Vgl. Hilscher, H. [u.a]: Physikalische Freihandexperimente Band 2. Akustik Wärme Elektrizität Magnetismus Optik, 3. Auflage, Scheidegg 1989, S. 545 und Schlichtung, H.-J./Ucke, C.: Es tönen die Gläser, in: Physik in unserer Zeit 26/3 1995 S. 138-139. URL: http://www.uni-muenster.de/imperia/md/content/fachbereich_physik/didaktik_physik/publikationen/glaeser_toenen.pdf Zugriff am 18.11.2011.

erkennen und zusätzlich noch ein auditives Ergebnis zu erzielen, sorgte bei den Schülern für hohes Interesse, Spannung und Neugierde.

Ähnlich fällt das Resultat bezüglich der Tonerzeugung mit den Bierflaschen aus. Die Schüler waren nicht so enorm neugierig wie bei den Gläsern, vermutlich, weil sie dieses Phänomen bereits zu häufig im Alltag erlebt hatten, wollten jedoch dennoch hinterfragen, wie der Ton entsteht.

Fachlicher Hintergrund ist der, dass die Luftsäule in der Flasche durch das „vorbeipusten" (siehe Abbildung 7) zum Schwingen angeregt wird. Pustet man an der Öffnung vorbei, entstehen Turbulenzen/Wirbel, die Luftdruckschwankungen innerhalb der Flasche zur Folge haben. Der Flaschenbauch dient dabei als Resonator und es entsteht eine stehende Welle. Wie bei den singenden Gläsern ist auch wieder der Wasserfüllstand entscheidend für die Tonhöhe. Hier allerdings ist die Erklärung eine andere: Der Ton ist abhängig von der Länge der Luftsäule in der Flasche. Nimmt nun die Länge der Luftsäule, durch einen höheren Wasserfüllstand, ab, so verkürzt sich die Wellenlänge der Schwingung und da $f = \frac{c}{\lambda}$ nimmt die Frequenz zu und der Ton wird höher.[13]

Wie bereits erwähnt, erfreuten sich die singenden Gläser einer höheren Beliebtheit, jedoch wurde seitens der Schüler dennoch bezüglich der Erklärung für die singenden Flaschen intensiv gerätselt. Überwiegend wurde die dritte Erklärung als die Richtige ausgemacht. Nur wenige Schüler waren sich nicht sicher, ob nicht doch die erste Erklärung auch Sinn machen würde, jedoch konnten in der Diskussion der Schüler untereinander und unter leichtem Einwirken der Betreuer Fehldeutungen und Missverständnisse aufgeklärt werden. Diese Station bildete einen sehr geeigneten Abschluss, da die Schüler insgesamt 90 Minuten mit neuem Inhalt konfrontiert wurden und teilweise etwas ausgelaugt erschienen. Aufgrund der Tatsache, dass sie das Phänomen der singenden Flaschen bereits kannten und nur noch die Erklärung erschließen/-arbeiten mussten und aus dem Anreiz, das Lösungswort vollständig zu haben, entstand ein gelungener Abschluss der Gruppe Akustik und die Schüler konnten mit dazu gewonnenem Erfahrungszuwachs die Gruppe verlassen.

---

[13] Vgl. Hilscher, H. [u.a]: Physikalische Freihandexperimente Band 2. Akustik Wärme Elektrizität Magnetismus Optik, 3. Auflage, Scheidegg 1989, S. 522.

III.   Auswertung, Reflexion, Fazit

Insgesamt ist zu sagen, dass das Thema Akustik für die Gruppe und die Schüler ein voller Erfolg war. Auch wenn, wie in der Einleitung bereits beschrieben, dieses Thema anfangs eher als anspruchsvoll oder sogar ungeeignet eingeschätzt wurde, da es doch überwiegend noch nicht von den Schülern in der Schule behandelt wurde und kein Grundlagenwissen vorhanden war, kann resümierend festgestellt werden, dass die Durchführung die Erwartungen voll erfüllt beziehungsweise sogar übertroffen hat. Zeitlich haben die Stationen exakt die Anforderungen erfüllt und ließen sogar Spielraum nicht nur für individuelle Betreuung, sondern auch für zeitliche Variation, sodass individuell auf die Eigenheiten der Schülergruppe reagiert werden konnte. Diese positiven Eigenschaften deuteten sich bereits im Probelauf, einige Wochen vor der eigentlichen SEW, an, als die Gruppe überwiegend positive Kritiken für sich gewinnen konnte und bestätigte sich weiterführend durch die Tatsache, dass nicht nur die Lehrer, die an der Durchführung teilnahmen, begeistert waren, sondern eine Lehrerin alle Dateien und Texte der Versuche und die entsprechenden Anleitungen dazu anforderte.

Als kritisch beziehungsweise verbesserungswürdig zeigte sich die Tatsache, dass es anspruchsvoll war, in den Stationsbeschreibungen die Balance zwischen einer Analogie, die im Fachlichen Sinn macht und welche zu erschließen ist und dem inhaltlich für die Schüler interessanten Teil (nämlich der Geschichte selbst), zu finden war, zumal dabei noch berücksichtigt werden sollte, dass die Texte nicht zu ausgiebig formuliert und für die Schüler nicht zu langweilig seien sollten. Wie in den Einzelkritiken bereits erwähnt, waren einige der Geschichten ein wenig zu ausführlich, sodass dies zum Unverständnis der Schüler führte, welches durch die betreuende Funktion der Studierenden ausgeglichen werden musste. Der Anspruch liegt also in einer Balance aus Prägnanz, (für die Schüler) interessanter Darstellung und Herausforderung, welche auch nicht zu hoch sein darf.

Als absolut positiv stellte sich der gewählte Charakter der Gesamtkonzeption heraus. Die sehr hohe Schüleraktivität und Eigentätigkeit trug zu einem angenehmen Lernklima und der Neugier und der Motivation der Schüler bei. Allerdings ist dieser Punkt ebenfalls multiperspektivisch zu betrachten: Es musste versucht werden, dass die (jüngeren) Schüler durch das hohe Maß an Freiheit und Individualität, welches sie innerhalb der Stationen genossen, nicht zum inhaltlosen Spielen übergingen. Auch fiel auf, dass einige der Schüler sich so verhielten, dass sie zu erkennen gaben, dass sie das vorliegende Experiment/die

Station bereits kannten. Zumindest war ihnen das Phänomen bekannt. Daraufhin war häufig zu beobachten, dass eine Gleichsetzung stattfand bezüglich der Tatsache, dass die Schüler wussten, welches Phänomen zu beobachten ist und darauf basierend darauf geschlossen wurde, sie hätten die physikalische Erklärung verstanden, was jedoch strikt zu trennen ist und auf Nachfrage und der Grundlage individueller Betreuung heraus gefunden und angeleitet wurde. Diese Balance zwischen eigenem Antrieb und Fremdaufforderung gelang, subjektiver Einschätzung zu Grunde liegend, hervorragend, sodass die Schüler nicht aufgrund von Druck oder Anweisung die Stationen durchliefen, sondern angetrieben vom eigenen Interesse. Die klare Abgrenzung von den hierarchischen Strukturen in der Schule und/oder im Unterricht hat maßgeblich dazu beigetragen, sowie auch die Idee des Lösungswortes. Zugegebener Maßen „brannten" nicht alle Schüler darauf das Lösungswort (welches übrigens HOERSTURZ war) unbedingt herauszufinden, doch bei der Vielzahl der Schüler sorgte diese Vorgehensweise für einen zusätzlichen Motivationsschub.

Abschließend lässt sich sagen, dass die SEW mit Sicherheit für die Schüler eine erfahrungsreiche Abwechslung zum Schulalltag darstellte, welche viele auch als Chance sahen und nutzten, um wertvolle Erfahrungen zu sammeln und Versuche durchzuführen, für die in der Schule keine Zeit ist oder die entsprechenden Materialien/Geräte nicht zu Verfügung stehen. Für die Studierenden war es ebenfalls eine wertvolle Erfahrung, wenn auch nicht direkt für den Unterricht. Die Experimente haben sicherlich einen Charakter, an dem man lernen kann, was schultauglich ist und was nicht, allerdings sieht der Schulalltag, wie bereits gesagt, enorm anders aus. In der Tat war es aber eine großartige Möglichkeit, mit jungen Menschen zu arbeiten und ihr (Fehler)Denken zu verstehen, analysieren und nachvollziehen zu können. Eine Sensibilisierung für die Denk- und Verhaltensweisen der Schüler konnte somit stattfinden und wertvolle Erfahrungen im Umgang mit den Jugendlichen gesammelt werden, was sonst im universitären Alltag nicht möglich ist.

V. Literaturverzeichnis

Literatur:

Halliday, D./Resnick, R./Walker, J.: Halliday Physik. 2., überarbeitete und ergänzte Auflage. Weinheim 2009.

Hilscher, H. [u.a]: Physikalische Freihandexperimente Band 2. Akustik Wärme Elektrizität Magnetismus Optik, 3. Auflage, Scheidegg 1989.

Jank, W./Meyer, H.: Didaktische Modelle. 9. Auflage, Berlin 2009, S. 32.

Internetquellen:

Sächsisches Ministerium für Kultus [Hrsg.]: Lehrplan Gymnasium – Physik. Dresden 2009.

Flamme-Jasper, M.: Phaeno – Die Experimentierlandschaft, Wolfsburg URL: http://www.phaeno.de/ Zugriff am 16.11.2011.

Fendt, W.: Ein Beispiel zum Doppler-Effekt. Letzte Aktualisierung: 22.03.2007. URL: http://www.walter-fendt.de/ph14d/doppler.htm Zugriff: 14.11.2011

Schlichtung, H.-J./Ucke, C.: Es tönen die Gläser, in: Physik in unserer Zeit 26/3 1995 S. 138-139. URL: http://www.uni-muenster.de/imperia/md/content/fachbereich_physik/didaktik_physik/publikationen/glaeser_toenen.pdf Zugriff am 18.11.2011.

VI.I Aufgabenblätter der Stationen

Station 1: Magie im Wasserglas

Der tolle Thomas führt mal wieder einen seiner unglaublichen Zaubertricks vor. „ Ich wette, ich bringe das Wasser in diesem Glas dazu, wild zu spritzen und zu tanzen", sprach er zu seinem Publikum. „Ohne, dass ich selbst etwas berühre oder einen Gegenstand hineinhalte, der sich bewegt. Alles, was ich benutze, ist eine kleine Stimmgabel, die ich ganz ruhig in das Wasser halte". „Das kann doch niemals funktionieren!" murmelten alle, doch dann wurde es ernst und die Zuschauer erwarteten gespannt was nun passieren würde. Thomas schlug die Stimmgabel an, sprach ein paar Zeilen aus einem Buch für Magier und tauchte die Gabel in das Wasserglas - und tatsächlich, das Wasser spritze und sprudelte ganz wild im Becher. „Tada....nur durch meine Magie konnte ich dieses Wasser hier bewegen". Alle Zuschauer sind überrascht, keiner kann sich erklären wie das passieren konnte.

Was könnte nur geschehen sein?

T   Die Töne der Stimmgabel treten durch das Wasser aus und verursachen so diese Wellen.

H   Die angeschlagene Stimmgabel vibriert leicht – an der Luft hören wir einen Ton, im Wasser beobachten wir Wellen.

L   Thomas hat nicht die Stimmgabel, sondern das Wasser verzaubert.

Station 2: Die magische Saite

Holger ist ambitionierter Musiker und spielt für sein Leben gern Gitarre. Wenn das Wetter gut ist und die Sonne scheint, setzt er sich dazu gern auf seinen Balkon, schließlich kann er so die vielen Menschen sehen, die sich am Freizeitpark erfreuen, welcher unmittelbar neben seiner Wohnung ist. Eines Tages, als die Blaskapelle wieder einmal nah an seiner Wohnung vorbei durch den Freizeitpark marschiert, und er gerade überlegt, welchen Song er als nächstes spielen möchte, stellt er etwas seltsames fest: Bei bestimmten Tönen, die die Marschkapelle spielt, beginnen die Saiten seiner Gitarre zu schwingen, ohne, dass er sie anschlägt!?

Holger macht sich so seine Gedanken, kommt jedoch nicht hinter das Geheimnis. „Haben die im Laden mir eine defekte Gitarre verkauft? In meiner nächsten Gitarrenstunde werde ich meinen Lehrer fragen! Kann ja wohl nicht wahr sein!"

Holgers Lehrer muss in Anbetracht seiner Frage schmunzeln und zückt zwei Stimmgabeln: „Pass auf Holger, ich zeig es dir, wie es funktioniert...."

Wie kann es sein und woran liegt es, dass die Saite von Holgers Gitarre bei manchen Tönen der Marschkapelle schwingt? Überlege zuerst, was sinnvoll erscheint und probiere es dann selbst mit zwei Stimmgabeln aus!

Welche der folgenden Antworten trifft zu?

U   Weil beide Stimmgabeln baugleich sind (also ähnliche Größe, Form, Farbe etc.), überträgt sich die Schwingung von der einen auf die andere und beide schwingen.

E   Holger muss sich die Schwingung eingebildet haben und sein Musiklehrer erzählt Mist, man kann keine „Schwingung" von einer auf die andere Stimmgabel übertragen, egal ob sie gleich groß sind, die gleiche Frequenz besitzen oder ähnlich.

O   Aufgrund der gleichen Frequenz der beiden Stimmgabeln, schwingen diese mit der gleichen Schwingungsdauer. Wird eine von beiden angeschlagen, so versetzt Sie die andere mit ins Schwingen, weil die beiden Stimmgabeln gleich „schnell" schwingen.

Station 3: Die Wette

Das Abenteuer von Holger geht in die nächste Runde:

Da der Freizeitpark auch eine Bühne für aktuelle Show-Acts besitzt, behält Holger das Programm stets im Hinterkopf und schaut oft nach, ob eine coole Band Station macht. Eine Woche nach seiner Lektion in Sachen „Resonanz" erlebt er etwas anderes verblüffendes: Nachdem er gesehen hat, dass eine seiner Lieblingsbands im Freizeitpark auftritt, bewirbt er sich bei einem Gewinnspiel um einen Backstage-Pass. Da Holger vom Glück geküsst ist, gewinnt er diesen tatsächlich. Holger geht also zu besagtem Konzert und danach auch zu den Künstlern hinter die Bühne. Er darf feststellen, dass diese alle sehr lässig und locker sind, genauso wie er sich sie immer vorgestellt hatte. Als er mit dem Drummer der Band spricht sagt dieser zu ihm: „Hey Holger. Sollen wir wetten, dass ich mit meinem Instrument eine Kerze auspusten kann?" Holger schaut ungläubig… „Wie soll das gehen?!"

Kommst du darauf, wie der Drummer dies schaffen kann? Als Hinweis: Er wird seine Base-Drum verwenden (also die große Trommel, welche vorn ein Loch hat und von hinten mit der Fußmaschine geschlagen wird). Versuche die Base-Drum mit den Materialien vor dir zu imitieren.

Wieso funktioniert dieser Trick?

A   Die Luft(-moleküle) innerhalb des Trichters (oder der Base-Drum) befindet sich ständig in Bewegung. Durch den Kontakt mit dem hinteren Ende des Trichters wird sie „abgestoßen" und „fliegt" schnell aus dem dünnen Ende des Trichters.

E   Durch einen kräftigen Stoß auf das breite Ende des Trichters (auf den Gummiüberzug) wird dieser kurz in Schwingung versetzt. Die Luft innerhalb des Trichters wird somit angestoßen und es entsteht eine Welle, welche durch das dünne Ende des Trichters gebündelt wird und als starker Luftstoß ausströmt.

G   Der Drummer schummelt: Er haut mit der Fußmaschine gegen die Base-Drum und während Holger abgelenkt ist, pustet er die Kerze aus.

Station 4: Die Männer von der Sicherheitsfirma

Holger kommt bei seinem Besuch auf dem Rummel an einem Sicherheitsbeamten vorbei. Er sieht, dass dieser gerade über ein Funkgerät mit einem seiner Kollegen spricht. Doch plötzlich hört man ein Kratzen und die Verbindung zwischen den beiden Männern ist weg. Holger wundert sich, dass der Mann von der Sicherheitsfirma so gelassen auf die Situation reagiert. Eigentlich ist es doch wichtig, dass die Männer stets im Kontakt bleiben. Holger fragt nach und der Mann antwortet ihm: „ Wenn bei uns die Verbindung unterbrochen ist, haben wir immer eine Notlösung. Alles was wir brauchen, findet man in jedem Haushalt. Mit diesen Dingen können wir problemlos ein Telefon bauen und weiter reden."

Könnt ihr euch denken, was die Männer von der Sicherheitsfirma als Ersatz für ihr Funkgerät benutzen? Baut euer eigenes Telefon und probiert es aus!

Wie funktioniert das Bechertelefon?

R   Der gespante Strick wird durch Schallwellen in Schwingung versetzt und überträgt die Stimme.

M   Die Becher vibrieren sehr stark und versetzen die umgebende Luft in Schwingung. Dadurch kann das Gespräch übertragen werden.

E   Das Telefon funktioniert nur, wenn man ganz laut rein spricht. An und für sich sind die Becher und der Strick überflüssig.

Station 5: Im Rausch der Geschwindigkeit

Holger hat etwas richtig Cooles vor: Er will zum Breakdance und sich richtig durchschütteln lassen. Also stellt er sich an die Schlange vor dem Ticketverkauf an. Wenige Meter neben ihm pfeifen die Gondeln mit Karacho vorbei: *Pfiuu, Pfiuu, Pfiuu.* Allein vom Zusehen wird Holger schon schlecht, aber er gibt sich einen Ruck, und steigt wenige Minuten später mit einem mulmigen Gefühl in eine Gondel.

Die Fahrt beginnt, und schon verschwimmen die Lichter des abendlichen Rummels vor seinen Augen. Er wird in den Sitz gedrückt und umhergeschleudert. Trotzdem ist sein Verstand noch wach, und er bemerkt etwas: Jetzt hört er kein *„Pfiuu"* mehr, wenn er an Menschen oder dem Kassenhäuschen vorbeisaust. Das einzige, was er hört, ist das Dröhnen des Elektromotors unter ihm und die Musik aus den Lautsprechern in der Mitte der Drehscheibe.

Woher kommt dieses Geräusch?

I   Das Geräusch kommt vom Motor und dem Getriebe. Von außen hört er die Geräusche der Zahnräder besser, da er sich tiefer, d.h.mit dem Ohr in etwa auf Höhe des Antriebes befindet.

S   Die an den Gondeln vorbeiströmende Luft gerät durch Druckunterschiede zwischen der Vorder- und Rückseite und an jeder Unebenheit in Schwingungen. Durch die Relativbewegung der Gondel zum äußeren Betrachter werden die Schwingungen gestaucht oder gestreckt, die Frequenz verändert sich und damit ändert das Pfeifen seine Tonhöhe.

N   In den Gondeln befinden sich Lautsprecher, um für den außenstehenden Betrachter besonders hohe Geschwindigkeiten zu simulieren. Damit werden mehr Tickets verkauft, da die „gefühlte" Geschwindigkeit höher ist.

Station 6: Lärmende Stille

Holger ist nun schon ziemlich lange auf dem Rummel unterwegs und muss dringend zur Toilette. Als er in der Einsamkeit seiner Kabine sitzt, merkt er, wie gut das tut. Die Stille ist für ihn wahre Erholung. Doch dann reißt jemand die Tür auf, und laute Musik vom Autoskooter zerreißt die erholsame Atmosphäre. Dazu hört er die elektronisch verstärkte Stimme rufen: „Keine Nieten! Nur Gewinne! Kommen Sie näher, meine Dame. Hier gibt's…" KNALL. Die Tür ist wieder zugefallen. Stille kehrt wieder ein.

Später denkt Holger darüber nach. Welche Lautstärken muss unser Ohr den ganzen Tag ertragen? Wie schafft es das Ohr, leises Geflüster genauso zu verstehen wie die Stimme des Losbudenbesitzers oder den Text lauter Rockmusik?

Teste es aus:

Stelle zunächst eine vermutete Rangliste zu den Schallpegeln der einzelnen Geräusche auf, und ordne dazu die jeweiligen Schallpegel zu.

Spiele dann die einzelnen Proben ab, um die Vermutung zu bestätigen oder zu widerlegen. Alle Schallpegel wurden in einem Abstand vom 50cm vom Lautsprecherpaar gemessen.

Am realen Messort in der Natur stand die Kamera genau an der Stelle des Schallpegelmessers.

Gesucht wird der Buchstabe des Geräusches mit dem zweithöchsten und zweitniedrigsten Schallpegel.

Dazu haben wir zwei Geräusche versteckt, die so nicht in der Natur vorkommen, sondern am Computer generiert wurden. Findet Ihr sie ebenfalls heraus?

Geräusch 01 - X	Geräusch 02 - U
Geräusch 03 - T	Geräusch 04 - V
Geräusch 05 - E	Geräusch 06 - A
Geräusch 07 - D	Geräusch 08 - P
Geräusch 09 - G	Geräusch 10 - K
Geräusch 11 - P	Geräusch 12 - S

Flugzeug, Boeing 747 *in circa 150m Entfernung*	**Kirchenglocken** *Kirchenvorplatz*
Eurocity *Bahndamm, circa 15m Entfernung*	**Auto** *4m, Hüfthöhe*
Einkaufsgalerie	**Küste** *15m Abstand zum Wasser*
Laufen auf Kies *Hüfthöhe*	**Fantasiegeräusch I**
Fantasiegeräusch II	**Bibliothek**
Gewitter, Hagel Im Haus	**Elektrisches Schweißen** 2m

Flugzeug, Boeing 747, *in circa 150m Entfernung*   105,7   dB

Kirchenglocken, *Kirchenvorplatz*   99,6   dB

Eurocity, *Bahndamm, circa 15m Entfernung*   88   dB

Auto, 4m, *Hüfthöhe*   81   dB

Einkaufsgalerie   83   dB

Küste, *15m Abstand zum Wasser*   73   dB

Laufen auf Kies, *Hüfthöhe*   63   dB

Fantasiegeräusch I   --

Fantasiegeräusch II   --

Gewitter, Hagel, *Im Haus*   75   dB

Elektrisches Schweißen, *2m*   67   dB

Station 7: Singende Gläser und Flaschen

Wie so oft gönnt sich Holger mit seinen Kumpels nach einem spannenden Tag im Freizeitpark ein zwei Bierchen, sowie ein paar Gläschen Wein zum Anstoßen auf die vielen Erkenntnisse, die sie alle gemeinsam während des Tages gewonnen haben.

Ein Kumpel sagt zu Holger, der schon etwas zu weit ins Glas geschaut hat, dass er schon „schmutzige Lieder singe" und das lieber jemand anders übernehmen soll. Holger nimmt die Sache recht locker und sagt, dass dies schon seine Gläser und Flaschen für ihn tun können.

Was meint Holger damit?

- Versucht die Flaschen (mit dem Mund) und Gläser (mit dem Finger) vor Euch „singen zu lassen", indem Ihr auf unterschiedliche Weise mit ihnen Töne erzeugt.
- Wenn Ihr den Trick raushabt, spielt doch mal Holgers Lieblingslied: ‚Hänschen klein'! Überlegt Euch dabei warum die Töne entstehen!
- Könnt ihr Euch erklären warum ‚der Wind pfeift' und was dieses Phänomen mit diesen Experimenten zu tun hat?

Frage: Wie kommt es dazu, dass das Glas Töne erzeugt?

E Holger belügt seinen Kumpel und singt in Wirklichkeit selbst weiter, weil er es so mag zu singen.

R Durch das Fahren entlang des Randes mit dem Finger wird das Glas in Schwingung versetzt. Somit entstehen Druckschwankungen, die sich als Schallwellen ausbreiten, was wir als Ton wahrnehmen.

K Durch das Fahren entlang des Randes mit dem Finger wird das Wasser im Glas zum Schwingen angeregt und reibt am Glasrand, sodass ein Ton entsteht.

Warum kann man mit den Flaschen einen Ton erzeugen?

V   Wenn man über den Rand der Flasche pustet, strömt die Luft sehr schnell an der Öffnung entlang. Durch die dadurch entstehende Reibung der Luft mit dem Glasrand, wird die Flasche zum Schwingen angeregt und wir nehmen einen Ton wahr.

R   Holger summt leicht, wenn er über die Flasche pustet, was seine Kumpels als Ton hören.

Z   Wenn Holger über den Flaschenrand bläst, kommt es zu Turbulenzen in der Luft, die die Luftsäule in der Flasche zum Schwingen anregen, was wir als Ton wahrnehmen.

Abbildung 1: Magie im Wasserglas. Schematische Darstellung. (Quelle: Hilscher, H. [u.a]: Physikalische Freihandexperimente Band 2. Akustik Wärme Elektrizität Magnetismus Optik, 3. Auflage, Scheidegg 1989, S. 528.)

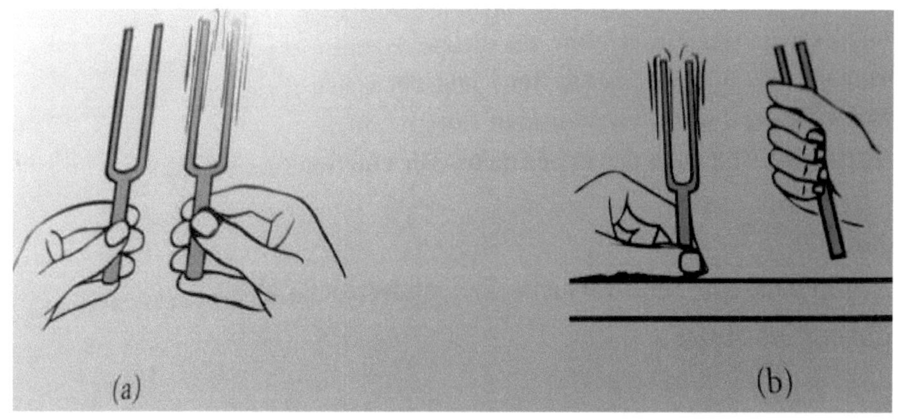

Abbildung 2: Die magische Saite. Schematische Darstellung. (Quelle: Hilscher, H. [u.a]: Physikalische Freihandexperimente Band 2. Akustik Wärme Elektrizität Magnetismus Optik, 3. Auflage, Scheidegg 1989, S. 543.)

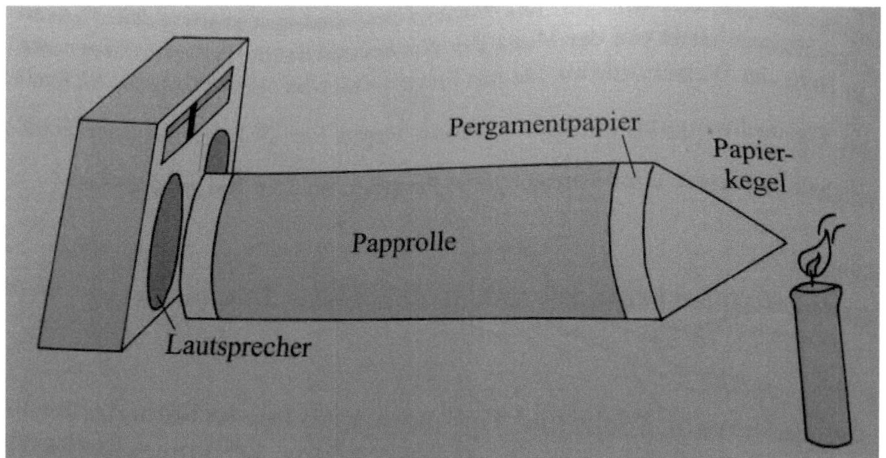

Abbildung 3: Die Wette. Schematische, ähnliche Darstellung. Essentiell: Der Lautsprecher vor der Kerze. Die Papprolle wurde nicht explizit verwendet, jedoch ein Trichter mit Membran auf der Seite der großen Öffnung. (Ist analog zur Abbildung) (Quelle: Hilscher, H. [u.a]: Physikalische Freihandexperimente Band 2. Akustik Wärme Elektrizität Magnetismus Optik, 3. Auflage, Scheidegg 1989, S. 524.)

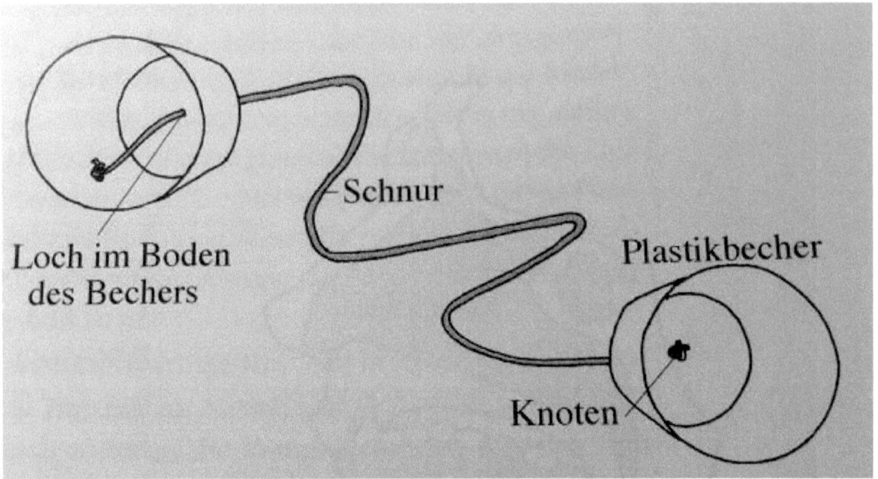

Abbildung 4: Die Männer von der Sicherheitsfirma. Schematische Darstellung des Versuchsaufbaus. (Quelle: Hilscher, H. [u.a]: Physikalische Freihandexperimente Band 2. Akustik Wärme Elektrizität Magnetismus Optik, 3. Auflage, Scheidegg 1989, S. 501.)

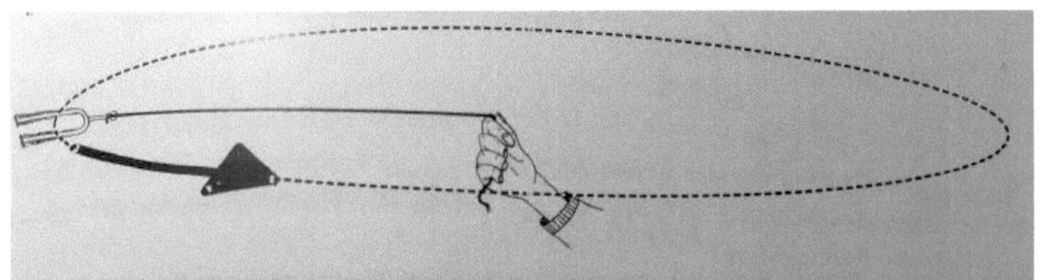

Abbildung 5: Im Rausch der Geschwindigkeit. Schematische Darstellung des Doppler Effekts. (Quelle: Hilscher, H. [u.a]: Physikalische Freihandexperimente Band 2. Akustik Wärme Elektrizität Magnetismus Optik, 3. Auflage, Scheidegg 1989, S. 551.)

Abbildung 6: Singende Gläser. Schematische Darstellung. (Quelle: Hilscher, H. [u.a]: Physikalische Freihandexperimente Band 2. Akustik Wärme Elektrizität Magnetismus Optik, 3. Auflage, Scheidegg 1989, S. 545.)

Abbildung 7: Singende Flaschen. Schematische Darstellung. (Quelle: Hilscher, H. [u.a]: Physikalische Freihandexperimente Band 2. Akustik Wärme Elektrizität Magnetismus Optik, 3. Auflage, Scheidegg 1989, S. 522.)